SOCIÉTÉ NATIONALE D'AGRICULTURE DE FRANCE

18, RUE DE BELLECHASSE

L'APATITE DU CANADA

PAR

M. A. LADUREAU

DIRECTEUR DU LABORATOIRE CENTRAL AGRICOLE

PARIS

TYPOGRAPHIE GEORGES CHAMEROT

19, RUE DES SAINTS-PÈRES, 19

—

1891

SOCIÉTÉ NATIONALE D'AGRICULTURE DE FRANCE
18, RUE DE BELLECHASSE

L'APATITE DU CANADA

PAR

M. A. LADUREAU

DIRECTEUR DU LABORATOIRE CENTRAL AGRICOLE (1)

Où la France agricole devra-t-elle s'adresser pour se procurer le phosphate de chaux nécessaire à ses besoins qui augmentent chaque année, le jour, prochain peut-être, où ses gisements de la Somme, de l'Oise, des Ardennes et du Boulonnais seront épuisés ?

Telle est la question que se posent les agronomes et tous ceux qui se préoccupent de l'avenir de notre agriculture. C'est également dans le but de chercher la solution de ce problème que j'ai entrepris un voyage au Canada afin d'y étudier sur place les richesses que recèle son sol. Ce sont les résultats de cette étude que je vais exposer.

Il n'y a que très peu d'années que l'on connaît l'apatite du Canada : l'ouverture de la première mine ne remonte qu'à quinze ans. Malgré la richesse élevée de ce minéral en

(1) Communication lue dans la séance du 10 décembre 1890.

phosphate de chaux, malgré les sérieux bénéfices qu'ont constamment réalisés jusqu'ici la plupart de ceux qui en ont entrepris l'extraction, la production de ce pays est demeurée jusqu'ici assez faible. Elle ne dépasse pas 28,000 tonnes par an, ce qui est bien peu de chose. Je me demandais donc si les gisements de ce précieux minéral étaient rares, si, redoutant leur prompt épuisement, on ne les exploitait qu'avec parcimonie, quelle était, en un mot, la cause de cette faible production. Ce n'est qu'en l'étudiant sur les lieux que j'ai pu trouver la réponse à la question que je m'étais posée. — Cette réponse, la voici : L'apatite se trouve localisée sur une partie de la province de Québec, à son extrémité ouest, et à l'est de la province d'Ontario. C'est surtout dans les cantons de Buckingham, Hull, Templeton, Portland, Villeneuve, Wakefield, Bowman, Denholm et Hincks, qu'on l'a rencontrée et exploitée dans la partie du comté d'Ottawa située au nord de cette ville sur les bords de la rivière de ce nom, entre les rivières Gatineau et du Lièvre, sur une largeur de 40 kilom. environ et une longueur de 60 à 80 kilom. en remontant vers le nord. C'est dans cette contrée que se trouvent les principales mines de phosphate, en tout une douzaine, pas davantage, appartenant à des sociétés anglaises ou américaines qui ont acheté quelques lots de terrains phosphatés et les exploitent. Presque tout ce pays appartient à des Canadiens, et il devrait y avoir quelques centaines de mines ouvertes, si le Canadien ne préférait au bénéfice certain que lui rapporterait la mise en œuvre de la propriété, le gain très problématique et aléatoire qu'il espère réaliser en revendant son terrain le double, le triple ou même le décuple du prix qu'il l'a lui-même payé. Dans ces conditions, il trouve rarement des acheteurs, et comme il ne veut pas exploiter lui-même, les 99 centièmes des terrains à phosphate restent immobilisés et improductifs. Cela est vraiment déplorable; mais il y aurait, ce me semble, un moyen de contraindre ces paresseux et ces spéculateurs à tirer parti de leurs richesses : ce serait de décider, par une loi nouvelle, que tout propriétaire de terrain à phosphate ou de droits miniers sur ces terrains sera déchu de son droit d'exploitation si, à l'expiration de la deuxième année qui suivra la promulgation de la loi, il n'a pas commencé à travailler sa mine.

Si le gouvernement canadien prenait cette mesure, on verrait rapidement la production de l'apatite décupler. Cela ne serait pas difficile, car on trouve dans toute cette région de l'Ottawa du phosphate à chaque instant, et les bras pour l'extraire ne manquent pas : tous les cultivateurs du pays complètement inoccupés, sauf durant la saison des foins, c'est-à-dire pendant quinze jours par an, sont heureux de trouver dans le travail des mines une occupation et un salaire élevé que la terre ne pourrait certes pas leur procurer. Les Canadiens sont généralement des gens solides, vigoureux, bien bâtis, aguerris au froid. Ils travaillent aussi bien l'hiver que l'été, et des froids de 30 à 40° au-dessous de zéro ne les arrêtent même pas. On trouvera donc dans le pays toute la main-d'œuvre nécessaire pour les besoins des exploitations nouvelles que l'on y créera. J'ajoute que le travail d'extraction de l'apatite ne nécessite aucune connaissance, aucun apprentissage spécial et que, du jour au lendemain, le premier venu devient un bon ouvrier mineur.

Dans une autre partie du Canada, dans le comté de Kingston, province d'Ontario, où l'on a trouvé également du phosphate en assez grande abondance, un certain nombre de cultivateurs, une cinquantaine environ, se sont mis à travailler eux-mêmes les gisements qu'ils trouvaient sur leurs terres, et ils en tirent un revenu parfois très élevé, supérieur même à celui de leur culture.

De riches dépôts d'apatite en longues veines assez régulières ont été en outre trouvées dans le voisinage de Burgess et d'Elarsley, dans le comté de Lanark, à peu de distance de Perth (Ontario). J'ai étudié les mines ouvertes par le capitaine Adams, de Montréal, sur le rivage nord du lac Otty, et j'y ai reconnu une veine qui a déjà pu être exploitée sur un mille et demi de longueur, et qui réserve encore peut-être bien des surprises.

Ce caractère de régularité de veine en affleurement horizontal est assez rare au Canada. Je ne l'ai constatée que sur ces terres de Burgess et Elarsley. Ailleurs ce sont des veines plus ou moins importantes, plus ou moins profondes, ayant une direction générale du sud-ouest au nord-est, formant parfois des amas ou poches considérables et subitement disparaissant ou s'aplatissant pour finir en lames minces : bref, aucune régularité.

Tantôt ces veines sont verticales et parfois très profondes, comme celle exploitée à la mine du North-Star (Étoile du Nord) qui descend actuellement à plus de 200 mètres de profondeur. tantôt elles sont horizontales ou obliques et superficielles.

C'est cette irrégularité dans les veines qui a causé les quelques rares insuccès que l'on a constatés jusqu'ici dans cette industrie de l'exploitation des mines d'apatite ; mais on peut se mettre à l'abri de cette éventualité en ayant toujours un certain nombre de mines ouvertes, de manière que les gros bénéfices réalisés dans quelques-unes permettent de supporter les frais et les dépenses qu'il faut faire dans les autres pour percer une couche de roche inerte et retrouver plus loin la veine d'apatite exploitable.

Il est arrivé souvent depuis quelque temps que des mines qui avaient été abandonnées par les précédents occupants comme ne payant plus les frais d'extraction, ont été reprises par de nouvelles compagnies qui, après y avoir fait quelques dépenses, en ont été largement indemnisées lorsqu'elles ont retrouvé la veine interrompue ou d'autres dépôts puissants.

Voici, d'après l'expérience que j'ai pu acquérir durant les deux mois que j'ai consacrés à ces études, comment il convient de commencer une exploitation d'apatite au Canada, en mettant de son côté toutes les chances de succès.

Après avoir étudié ou prospecté avec soin le terrain que l'on désire exploiter, et y avoir reconnu la préseuce de quelques affleurements de ce minéral, on en commence l'extraction à la main avec quelques hommes, sans machines, avec le minimum de frais possible ; puis, après quelques mois, si l'on reconnaît que l'on a une mine riche et capable de couvrir de fortes dépenses, on y installe des grues et des machines à vapeur pour la perforation des roches et l'exploitation générale de la mine. Cette dernière installation coûte une centaine de mille francs, ainsi répartis :

Coût d'un générateur à vapeur et de 2 pompes à air.

Avec les réservoirs d'air comprimé, treuils à vapeur, etc.	50 000
7 drills ou perforateurs à vapeur ou à air comprimé avec leurs sondes ou forets d'acier. .	35 000
Tuyaux de fer et de caoutchouc, câbles métalliques, etc.	15 000
Total.	100 000

Il faut y ajouter le coût de la construction des bâtisses pour le générateur à vapeur, les machines, le treuil, puis celles destinées au tirage à la main des minerais, la forge, et enfin celles nécessaires pour le logement ou la nourriture des ouvriers (réfectoire). Cela peut monter à 30 000 francs environ.

Voici comment se fait actuellement l'extraction de l'apatite au Canada.

Après avoir nettoyé le terrain de la terre, du sable, des cailloux et même des arbres et végétaux divers qui le couvrent et y avoir reconnu par des prospects soigneusement faits la présence d'affleurements d'apatite susceptibles d'être travaillés, on en commence l'exploitation avec des pics et des pioches, tant que l'on peut marcher ainsi. L'apatite est abattue, séparée à coups de marteau de la roche qui l'entoure et immédiatement mise à part sur un chantier formé par quelques planches déposées par terre sur une aire plane. Quand l'exploitation au pic n'est plus possible, on commence à perforer la roche à l'endroit où elle est contiguë avec l'apatite et l'on y fait un nombre de trous de sonde suffisants pour pouvoir détacher au moyen de l'explosion de la mine un bloc de minerai aussi considérable que possible. Cette perforation se fait de deux manières différentes; dans les mines qui commencent, on la fait à la main au moyen d'une équipe de trois hommes : l'un d'eux dirige entre ses deux mains une grande tige d'acier fondu qui est la sonde, généralement terminée à son extrémité inférieure par une fraise tranchante. Les deux autres sont armés de maillets très lourds en acier, avec lesquels ils frappent régulièrement à tour de rôle la tête de la sonde, pendant que celui qui la tient et la dirige lui imprime à chaque coup une petite rotation. On verse de temps à autre de l'eau dans le trou, afin de faciliter la désagrégation de la roche attaquée, et de faire écouler dehors, sous forme d'une boue grisâtre, les débris provenant de cette désagrégation.

Dans les mines déjà fortement organisées et disposant de la vapeur, cette perforation se fait au moyen de forets ou sondes qu'on appelle drills dans le pays et qui sont actionnés soit par la vapeur directement, soit par l'air comprimé. Cela est infiniment plus avantageux que la perforation à la main, car 2 hommes avec un drill à vapeur ou à air font 4 ou 5 fois autant d'ouvrage que 3 hommes travaillant à la main, et c'est là une des parties les plus longues et les plus importantes du travail. — Les chaudières sont chauffées au bois.

Une fois que les trous de soude sont percés en quantité et en profondeur voulues, on y dépose de longues cartouches de dynamite ou de dualine, sorte de dynamite très employée au Canada, et on arme ces cartouches d'étoupilles de cuivre pleines de fulminate de mercure. Il n'y a plus alors qu'à les faire sauter, ce que l'on fait soit avec des mèches à poudre, soit avec l'étincelle électrique produite par une puissante bobine renfermée dans une chambre dont le contremaître ou foreman a seul la clef. Quand on est sur le point de faire partir une mine, on avertit les ouvriers en hissant un drapeau noir et en sonnant la trompette d'alarme pour qu'ils puissent se mettre à l'abri des projections de cailloux et débris qui retombent quelquefois à plus de 100 mètres de distance. Quand le contremaître s'est assuré que tout le monde est suffisamment éloigné, il allume sa mèche et se sauve lui-même, ou bien il donne l'étincelle électrique qui détermine l'explosion des mines. Les ouvriers redescendent alors dans le puits et dégagent à coups de gros maillets d'acier l'apatite des roches adjacentes étrangères ; puis on charge avec les unes et avec l'autre de grands tonneaux en bois cerclés de fer qu'une grue transporte sur le carreau de la mine. Là une équipe d'hommes et d'enfants sépare à la main, avec des marteaux, tout ce que l'on peut isoler d'apatite. Quant aux débris non utilisables, on les charge sur un wagonnet qui va les conduire à l'extrémité de la mine où on les accumule et où ils forment parfois une véritable montagne à côté de celle qu'on vide.

Le travail se fait généralement à l'air libre dans des cavités qui ont 100 à 500 mètres de tour et de 10 à 50 mètres de profondeur.

Cependant quelques mines, telle que la Emerald, qui travaillent sur des montagnes assez élevées, ont creusé des galeries souterraines qu'elles exploitent en suivant les veines d'apatite.

Le coût d'extraction du phosphate varie beaucoup suivant les mines, suivant la quantité de roche étrangère qu'il faut faire disparaître pour arriver à la matière utile. Il oscille entre 10 et 100 francs la tonne. Dans une même exploitation, il y a de grandes différences ; aujourd'hui l'apatite coûte 2 dollars ou 10 francs, et dans quelques jours elle coûtera le double, le triple, le décuple même, par suite des difficultés d'exploitation. Cependant le coût moyen est de 5 à 6 dollars ou 25 à 30 francs la tonne.

Le transport à Montréal, où a lieu l'embarquement de la presque totalité des apatites du Canada, coûte, selon les mines exploitées, de 1 piastre (5 francs) à 5 pistres (25 francs.)

Le minerai est généralement chargé à la mine sur des voitures l'été, sur des traîneaux l'hiver et amené ainsi, soit dans les gares de chemin de fer les plus proches, soit à un quai d'embarquement sur la rivière la Lièvre ou sur l'Ottawa, d'où on le dirige par barques de 100 à 200 tonnes sur Montréal, où il est embarqué à fond de cale sur les grands steamers de commerce qui l'apportent en Europe.

C'est surtout l'Angleterre et l'Allemagne qui ont jusqu'ici pris l'apatite du Canada pour la transformer après broyage en superphosphate par un traitement à l'acide sulfurique. Il y a quelques années ces minerais phosphatés étaient peu recherchés, ils étaient même l'objet d'une espèce de défaveur due à la présence d'une quantité assez élevée de fluorure de calcium qui accompagne toujours le phosphate de chaux dans cette espèce minérale, qu'on nomme pour cette raison *fluor apatite*.

En se décomposant sous l'influence de la chaleur et de l'acide sulfurique, ce sel émettait d'abondantes vapeurs d'acide fluorhydrique qui attaquaient les vitres et tous les objets en verre et qui causaient de graves désordres aux yeux et aux organes respiratoires des ouvriers. Mais, aujourd'hui, on est arrivé à éviter ces inconvenients en opérant le traitement à l'acide en vases clos et en conduisant les vapeurs produites dans les hautes régions de l'atmosphère, au moyen de cheminées élevées et de tirages énergiques. De sorte que cette cause d'infériorité de l'apatite comme minerai phosphaté a disparu. En outre l'apatite du Canada présente toujours une richesse élevée : c'est le minéral le plus riche en phosphate de chaux que l'on connaisse, et il devient chaque jour plus utile, afin d'enrichir, grâce à cette teneur élevée, les phosphates pauvres que l'on trouve en si grande abon-

*

dance dans les craies du bassin de Mons, de Lille, de l'Oise, des Ardennes et du Boulonnais. Par un mélange avec ces minerais de faible teneur, on peut obtenir des superphosphates à titre élevé qui sont surtout réclamés aujourd'hui par l'agriculture désireuse d'éviter des frais de transports onéreux pour de la matière inerte ou du moins peu utile, telle que le plâtre ou sulfate de chaux. Il n'y a donc aucun doute que l'apatite du Canada ne soit de plus en plus demandée, et il me paraît certain que nous-mêmes serons bientôt obligés d'y recourir, lorsque nos gisements de la Somme seront complètement épuisés, ce qui ne saurait tarder avec la rapidité que l'on apporte depuis cinq ans à leur extraction.

Voici, en chiffres ronds, comment a marché la production générale des apatites du Canada, depuis sa création en 1875 jusqu'à l'année dernière :

De 1875 à 1878.	3,000 tonnes.
En 1878.	4,000 —
1879.	5,000 —
1880.	8,000 —
1881.	15,000 —
1882.	16,000 —
1883.	17,000 —
1884.	22,000 —
1885.	25,000 —
1886.	24,000 —
1887.	24,000 —
1888.	26,000 —
1889.	28,500 —

Pour 1889 nous avons des renseignements précis qui permettent de l'établir comme suit :

NOMS DES COMPAGNIES.	NOMBRE de tonnes.	NOMBRE d'ouvriers.
Ottawa Phosphate C°.	3,500	60
Canadian Phosphate C°.	6,000	100
A Reporter. . . .	9,500	160

NOMS DÉS COMPAGNIES.	NOMBRE de tonnes.	NOMBRE d'ouvriers.
Report.	9,500	160
Phosphate of Lime Cᵒ..	6,500	110
Dominion Phosphate Cᵒ.	6,000	55
Little rapid Mine. , ...	500	10
Blackburn Mine..	1,500	50
Jackson Rae Phosphate Cᵒ	200	10
Ch. Lionnais and Cᵒ..	150	20
Central Lake Mining Cᵒ	1,000	30
	25,350	445
Canadian Phosphate Cᵒ (phosphate pulvérisé).	1,300	
Du Lièvre bassin Mining et Milling Cᵒ (phosphate pulvérisé)..	1,700	
TOTAL GÉNÉRAL. . . .	28,350 tonnes.	

Les deux derniers établissements signalés dans le tableau précédent sont deux moulins qui sont situés à Buckingham et qui utilisent comme force motrice la chute de la rivière la Lièvre dans celle d'Ottawa. Il y a là une chute magnifique, donnant par conséquent un pouvoir d'eau énorme, et on en a employé une partie à la pulvérisation des phosphates. Cependant on ne pulvérise qu'une très faible partie de la production, les dernières qualités, ce qui est le plus mélangé de roches étrangères. On arriva même à améliorer dans ces moulins la qualité de ces bas produits et à augmenter de 10 degrés leur titre en phosphate en séparant mécaniquement au moyen de cribles métalliques une partie du mica et des autres roches étrangères qui s'y trouvent mélangées.

Ces apatites de titre inférieur qui sont pulvérisées dans ces moulins sont généralement envoyées aux États-Unis qui les transforment en superphosphates ou aux fabriques d'engrais de Brockville (Canada) et de Capelton, où on leur fait subir le même traitement.

Disons à ce sujet que les divers essais qui ont été tentés jusqu'à ce jour pour utiliser directement à la culture les apatites réduites en poudre même très fine, n'ont donné que des résultats négatifs. Le phosphate de chaux d'origine minérale cristallisé, comme l'apatite et la phosphorite, ne paraît donc pas susceptible d'être assimilé par les végétaux comme le phosphate d'origine animale que l'on trouve en France et en Belgique dans le terrain crétacé. — Il faut donc absolument, pour l'employer à la fertilisation du sol, le transformer en superphosphates par le traitement à l'acide sulfurique.

Jusqu'ici cette industrie a été fort peu peu développée au Canada : l'industrie proprement dite n'y existe pour ainsi dire pas. Mais dans un temps probablement rapproché, les cultivateurs du Canada demanderont des superphosphates, dès qu'ils auront reconnu les effets de cet engrais dans leurs sols; alors il y aura avantage à créer une fabrique d'acide sulfurique dans les régions du Canada où abonde la pyrite de fer et à employer immédiatement cet acide à la fabrication des superphosphates pour les envoyer directement à la culture canadienne et à celle des États-Unis. On pourra même alors, avec les nitrates de soude du Chili conduits à peu de frais par mer, composer des engrais complets qui coûteront beaucoup moins cher à produire que les mêmes engrais chez nous. Il y a déjà une usine qui commence à faire du superphosphate. C'est celle de Capelton, près de Sherbrooke (province de Québec), où MM. G. H. Nichols et C°, de New-York, fabriquent leur acide sulfurique avec les pyrites cuivreuses très abondantes dans la région. En 1889, ils ont ainsi traité 500 tonnes de phosphate de l'Ottawa et produit un millier de tonnes de superphosphate. Il y a en outre une deuxième usine à Brockville (Ontario).

Voilà le début; dans quelques années, l'industrie des engrais chimiques au Canada sera peut-être une des plus puissantes et des plus prospères. Que faut-il pour cela? Quelques capitaux, ce qui manque surtout dans ce beau pays, et quelques ingénieurs français connaissant bien cette fabrication et aptes à élever ainsi qu'à diriger leurs usines.

Nous avons dit que les seuls arrière-produits des mines d'apatite étaient employés à cette transformation sur place et aux États-Unis, tout le reste, les 1re et 2e qualités, étant dirigé sur les ports d'Europe.

Les premières qualités se vendent généralement sur la base de 80 p. 100 de phosphate de chaux, et leur cours actuel est de 1 fr. 50 à 1 fr. 80 le degré dans les ports anglais et allemands, ce qui donne le prix de 90 à 145 francs la tonne pour le titre 80 degrés. Les degrés au-dessus se paient en sus. Il n'est pas rare de voir des chargements d'apatite donner de 84 à 85 degrés de phosphate.

Tout ce qui n'atteint pas le titrage de 80 degrés est considéré comme de la 2e qualité et se paie ordinairement à raison de 1 fr. 40 à 1 fr. 50 le degré à l'analyse. Ces analyses sont faites à Londres pour les chargements destinés à l'Angleterre, et à Hambourg pour ceux qu'on vend en Allemagne. On a remarqué que les analyses allemandes sont généralement en dessous du titre réel de 2 à 3 degrés. Cela tient sans doute à une méthode analytique défectueuse adoptée par les Allemands, celle au molybdène probablement. Voici, relativement à la composition moyenne des phosphates du Canada, quelques analyses émanant de diverses autorités scientifiques :

	HOFFMANN.	G. H. OGSTON.	CANNON.	LADUREAU
Acide phosphorique . . .	41,139	37,60	36,65	42,24
Fluor..	3,863	»	»	2,76
Chlore.	0,229	»	»	0,12
Acide carbonique	0,223	0,60	1,50	0,06
Chaux	49,335	51,52	50,96	50,74
Magnésie.	0,180	0,18	0,09	0,11
Alumine	0,566 }	1,50	1,40	0,03
Oxyde de fer	0,094 }			0,02
Insoluble.	0,060	3,00	5,15	0,22
Oxygène et non dosé. . .	4,311	5,60	4,25	3,70
	100,00	100,00	100,00	100,00
Phosphate tribasique de chaux..	89,810	82,10	79,89	92,08
Fluorure de calcium . . .	7,929	»	»	5,66

On voit par ces analyses qu'il n'est pas difficile d'obtenir par un triage bien fait des premières qualités de titre très élevé. Mais on préfère généralement y consacrer moins de main-d'œuvre et expédier du 80 à 85 p. 100.

Quant à la proportion de 1re, de 2e et de 3e qualité que l'on obtient, elle varie d'une mine à l'autre et parfois même dans la même mine. Dans les bons moments, quand on est sur une bonne veine, on peut faire de 70 à 80 p. 100 en 1re qualité, 20 p. 100 en 2e et 10 en 3e qualité. Dans d'autres mines, cette proportion ne s'élève qu'à 30 ou 40 p. 100 de 1re et le reste en 2e et 3e. Cela dépend de la pureté de l'apatite plus encore que des soins apportés à sa séparation. Dans certaines mines on trouve beaucoup de mica mélangé à l'apatite, dans d'autres c'est de la calcite ou du pyroxène intercalé en petites veines au milieu des masses d'apatite et qu'on ne peut séparer économiquement. Il n'y a donc là encore rien d'absolu.

Cela nous amène à dire quelques mots de l'apatite canadienne, de son aspect et de sa formation. Ce miné-

ral se présente quelquefois sous la forme de cristaux iso-
lés parfaitement nets et de grosseur variable ; il y en a
qui pèsent jusqu'à 3 000 kil. d'un seul morceau, comme
celui qu'on a trouvé à la Squaw hill Mine. En général
ces cristaux ont la grosseur du pouce, ce sont des pris-
mes hexagonaux terminés par des pyramides. C'est surtout sous forme de masses compactes et vitreuses qu'on
trouve l'apatite dans le sol. Ces masses ont presque toujours la couleur vert bouteille et une certaine translu-
cidité, mais on en trouve aussi d'opaques, de rouges et de
noires qui n'en sont pas moins pures pour cela. On rencontre également dans certains cas ce que l'on appelle
du « sugar phosphate » ou « sucre phosphate ». Ce sont
des masses cristallines presque blanches qui s'émiettent
facilement sous la pression du doigt et présentent l'ap-
parence d'une masse cuite de sucre de premier jet fai-
blement agglomérée, d'où lui vient son nom. Toutes ces
variétés ont semblablement la même composition et la
même richesse.

On trouve l'apatite au Canada dans les roches de la
formation laurentienne et généralement, sauf cependant à Kingston et à Perth, dans les montagnes désignées
sous le nom de Laurentides. Cette formation laurentienne, qui constitue un cas spécial, qu'on ne rencontre
guère que sur les rives du Saint-Laurent, d'où son nom,
et en Norvège où elle renferme également de l'apatite,
présentant à peu près les mêmes apparences et la même
composition que celle du Canada, comprend les 3 types
suivants :

1° Gneiss à orthose, granitoïdes à leur base avec quar-
tzite, amphiboloschistes et micaschistes ;

2° Calcaires blancs ou roses cristallins et dolomies avec

serpentine, graphite, mica, apatite, fluorine et lits de gneiss subordonnés ;

3° Roches de feldspath plagioclase avec hypersthène, pyroxène et amphibole.

C'est surtout dans ces deux derniers terrains que l'on rencontre l'apatite et principalement même entourée de pyroxène.

En résumé, l'apatite se trouve répondue en quantité considérable dans certaines parties du Canada ; son extraction, bien que moins facile que celle des phosphates du terrain crétacé, ne présente pas cependant de grandes difficultés. Quand on a pris le soin d'étudier suffisamment son lot minier, on peut généralement y trouver des veines dont l'exploitation est presque certainement avantageuse. Les mines existant en ce moment ont réalisé parfois des bénéfices très considérables, presque égaux, dans certains cas, à l'importance des capitaux engagés. On peut encore aujourd'hui trouver dans des conditions de prix très abordables de bons lots miniers sur lesquels l'exploitation ne peut manquer d'être lucrative, si elle est sagement conduite. De sorte que les capitalistes français qui ne savent où engager leurs capitaux n'ont qu'à suivre l'exemple qui leur est donné par les Anglais et les Américains, en les envoyant au Canada dans les mines de phosphate. Il n'y manque pas d'hommes intelligents, honorables, sérieux, sur lesquels ils pourront s'appuyer en toute confiance pour la surveillance et la direction de leurs exploitations ; cela vaudra mieux pour eux que l'envoi d'ingénieurs spéciaux qui coûtent fort cher et prétendent trop souvent appliquer partout des théories qui, excellentes dans certains cas sans doute, sont absolument désastreuses au Canada. Tous les ou-

vriers des mines et presque tous les contremaîtres ou
foremens sont des Canadiens de langue française. Il est
donc facile de s'entendre avec eux et de leur faire exé-
cuter ce que l'on veut ; mais, je le répète, leur expérience est chose précieuse dans la matière et on augmen-
tera certainement beaucoup ses chances de succès en y
recourant de préférence.

Ceux de nos compatriotes qui, sur mes conseils,
iront tenter fortune dans les mines d'apatite du Canada,
ou y porter leurs capitaux, feront en outre une œuvre
réellement utile et patriotique ; car, d'une part, ils se
mettront ainsi en mesure de livrer sous peu à leur
patrie les quantités considérables d'un élément de fertilisation de haute valeur dont elle aura sans doute bientôt besoin, et d'autre part ils contribueront ainsi à
maintenir et même à développer au Canada l'influence
française, que les efforts combinés de l'Angleterre et
des Américains de langue anglaise tendent à faire disparaître.

Toutes les affaires sont aux mains des Anglais ; si
nous ne voulons pas que le souvenir de la France, sa
langue, ses mœurs, sa religion disparaissent un jour
de ce beau pays que nos ancêtres ont arrosé de leur
sang, il est nécessaire que nous nous en occupions un
peu, que nous montrions aux Canadiens que leur an-
cienne patrie est toujours debout, qu'elle se souvient
d'eux et qu'elle désire reprendre dans les affaires du
pays et dans sa vie intime la part d'influence qui lui
appartient réellement.

Si nous ne le faisons pas, nous courons le risque de
voir dans un siècle le Canada, encore français aujour-
d'hui, noyé dans le flot américain et anglais qui l'en-

vahit, ayant perdu sa langue, ses traditions, tout ce qui nous rattache encore à lui.

Et vraiment ce serait grand dommage ! Ceux qui en doutent et croient encore aux *quelques arpents de neige* de Voltaire n'ont qu'à faire comme moi, à passer l'Atlantique et à aller voir ce magnifique pays, grand comme vingt ou trente fois la France, avec ses magnifiques lacs qui sont de véritables mers intérieures, avec ses belles rivières si pittoresques, ses montagnes où l'on retrouve les Vosges, les Apennins ou les Alpes, ses immenses forêts encore presque vierges aujourd'hui ! Ils verront que ce pays vaut la peine qu'on s'y intéresse et ils regretteront comme moi et comme tous les bons Canadiens que sa mère patrie, la France, en ait maintenant oublié le chemin, pour le laisser prendre à nos voisins d'outre-Manche !

Paris. — Typ. G. Chamerot, 19, rue des Saints-Pères. — 27150

9 782013 355889